★给孩子的博物科学漫画书★

寻灵大冒险
Jungle Survival

U0173197

塔鲁曼之门

甜橙娱乐 著

中国纺织出版社有限公司

图书在版编目（CIP）数据

寻灵大冒险. 5，塔鲁曼之门 / 甜橙娱乐著. --北京 : 中国纺织出版社有限公司，2020.11
（给孩子的博物科学漫画书）
ISBN 978-7-5180-7920-9

Ⅰ.①寻… Ⅱ.①甜… Ⅲ.①热带雨林－少儿读物 Ⅳ.① P941.1-49

中国版本图书馆CIP数据核字（2020）第182753号

责任编辑：李凤琴　　　责任校对：高涵　　　责任印制：储志伟

中国纺织出版社有限公司出版发行
地址：北京市朝阳区百子湾东里A407号楼　邮政编码：100124
销售电话：010－67004422　传真：010－87155801
http://www.c-textilep.com
官方微博http://weibo.com/2119887771
北京通天印刷有限责任公司印刷　各地新华书店经销
2021年3月第1版第1次印刷
开本：710×1000　1/16　印张：10
字数：120千字　定价：39.80元

开启神奇的冒险之旅吧

在我的童年时代，《小朋友百科文库》是我所读科普类书籍的主要组成部分。十多年前，我就一直想把来自世界各地的雨林动物以动画的形式展现出来，后因种种事情的牵绊未能付诸实施。这次重新筹划，我不但感到欣慰，回忆昔日，心中充满了温馨。

这是一部充满雨林冒险与团队励志的长篇故事，让所有的小观众们不仅能领略雨林中的大千世界，还能体会剧中主角们勇往直前、坚韧不拔的毅力。更倡导全世界未来的小主人公们，一起关爱自然，维护我们共同赖以生存的家园并与自然界中的生物和谐共处。

从 2012 年开发《寻灵大冒险》3D 动画，到今天已经累计在全球 100 多个国家和地区发行。相关漫画图书在世界范围内售出 400 多万册，成为许多家长和学校高度推荐的畅销书。

　　希望所有的小读者们能与父母一起亲子共读此书，家长饱含深情地给孩子朗读和演绎故事，按照故事情节变换不同的语调和声音，会增加孩子情绪分化的细腻性，有利于孩子情感体验和情绪表达的健康发展。大一点的孩子完全可以自主阅读，或许你会和故事中的主角们一样的勇敢啊！

　　下面让我们和剧中的马诺、丁凯等主角们一起，开启这趟神奇的冒险之旅吧！

《寻灵大冒险》《无敌极光侠》编剧

2020 年 7 月

人物介绍

马诺 ♂

男，11岁，做事有点马马虎虎，大大咧咧，但待人很真诚，时刻都会保护大家，是全队的动力。

丁凯 ♂

男，11岁，以冷静见长，因为自己很有能力所以性格很强，虽然不能成为全队的领袖或者智囊，但可以在队伍混乱时，随时保持冷静的观察和谨慎地思考，因为和马诺的性格不同所以演变成了微妙的竞争关系。

兰欣儿 ♀

　　女，11岁，看着像一个弱不禁风的小女孩，其实人小能量大，遇事沉稳，但难免有时会比较急躁，虽然总被惹事精的马诺所折磨，但觉得马诺在任何时候都会支持自己所以很踏实。

兰冰 ♂

　　男，7岁，兰欣儿的弟弟，年纪比较小，需要全队来保护，但同时又机灵敏捷，像个小大人似的喜欢说成熟的话，是个喜欢昆虫的宅少年。

卓玛 ♀

　　女，12岁，当地的土著人，淳朴善良勇敢，一直热心地帮助主角们渡过难关。

目 录

第一章

塔鲁曼之门

4

瞪

放叶子

像这样，用发卡
在头上搓一搓的话，
就会有些磁铁的性质了。

再像这样
放上去，

地球就像是一个磁铁似的，
很快就可以找到方向了。

转动

哦！这儿是东边。

我们应该是走对了。

14

角上发出强烈的光。

啊！

光消失后，山坡下面。

啊！讨厌！
怎么总是这样！

现在怎么办啊？

一旦看到那家伙角上发出的光，就会瞬间失去视力动不了了！

再利用前脚魔法，把我们送回到出发点！

那为什么偏偏会是这儿？

这里就相当于是塔鲁曼的入口了，也就是说它根本不希望我们进去。

不管怎样，我们都要去战胜它！

就让它见识一下哥的实力！

苏醒吧！暗影猎豹！

苏醒吧！大金刚！

这灵兽在嘀咕什么呢？

我看起来像灵兽吗？

你们不是看到了吗？人类的贪欲让丛林一直在被破坏！

喂！我们只是来找人而已！

哼！塔鲁曼里连个人影都没有！

大金刚，你去给它点颜色瞧瞧吧！

可不是，就剩下些变异怪物了。

丁凯，那家伙也变异了，赶紧用力量来打败它吧。

啊!
怎么会这样?

发光

消失

请你让我们过去好吗?
我要去找我的爸爸,
自从飞机坠落后
我们就走散了。

所以我们才特意
赶过来的,我弟弟
兰冰还受了伤,留
在布罗利里休息。就
算是为了弟弟我也
一定要找到爸爸。

听说爸爸被
抓到了这里。

请你让我们过去吧,
我保证我们绝不会
破坏丛林的。

那就给你
十五天的时间。

啊?

玄门神鹿

　　玄门神鹿的原型是婆罗洲黄麂。婆罗洲黄麂是偶蹄目鹿科麂属的哺乳动物。1982 年，动物学家在马来西亚的沙巴地区发现了一种新的麂属动物，命名为婆罗洲黄麂，近年来才被承认是独立的物种。它体长 90~100cm，体重 13~18kg。雄麂具有短角，角干向后伸展，角尖内弯。鹿角长度只有 7cm，比普通鹿小，角的基部在脸上形成纵棱脊。它的被毛短而细，肚子是白色，背部是棕黄色，除了体色不同，其他特征与普通鹿类似。它的胃有四室可以反刍，腿细而有力，善于跳跃，皮很软可以制革。婆罗洲黄麂分布在婆罗洲海拔 1200m 以下的潮湿森林、海岸地带和繁茂的灌木地带。它是夜行性动物，常单独活动，喜欢在林缘草坡处啃食青草，也会在疏林中食用鲜枝嫩叶、水果和种子。通常 5~7 月产仔，孕期 5~6 个月，每年 1 胎，每胎 3~5 仔，刚出生的幼仔背部会有白色斑点，但成熟后会逐渐消失。母麂在哺乳期间会与幼仔一直藏在丛林浓密的地方。

第二章

梦幻花园

奇奇不停地挖地，应该也是想摄取地里的盐分吧。

但是却没有补充到盐分，如果身体缺少盐分的话，人就会发困，头晕，恶心。马诺，你得的感冒还有兰欣儿的头晕，多半是因为体内缺少盐分。

这小家伙！居然只想着自己。

椰子树的根里有很多盐分，不过得需要用水来煮一下。

狸猫望着他们。

咕嘟

一直煮到根里的水分全部消失为止，到时就会剩下黑色的盐结晶了。

哦！那些黑色的就是盐了吧？

晕

大家喝起来。

好咸啊！

谢谢，我现在已经感觉好多了。

其实水里的矿物质很丰富也有盐分，所以如果遇到瀑布的话，一定得装点水啊。

这个我也知道。下次我会直接找来有盐分的水果的！

奇奇在干什么呢？

31

这家伙自己吃饱了想睡觉了吧。

睡着了吗?

啊!欣儿!丁凯!

魅影狸猫出现。

好像阿泰今天也没说话呀?到底怎么回事儿啊?

哦!原来还有漏网之鱼啊!

什么!

41

42

47

魅影狸猫

　　魅影狸猫的原型是灵猫。灵猫属于食肉目灵猫科的哺乳动物，是长江流域以南比较常见的中小型食肉动物。灵猫外表和猫相似，但身体瘦长，嘴巴尖而突出，额头狭窄。体躯上常有斑块和条纹，颜色以黄棕、白褐相间为主。大多数种类的灵猫尾巴下面有个囊状香腺，开启时就像一个半切开的苹果。它外出时具有在树干、石壁等突出的物体上擦香的习惯，用来标记自己的领地和引诱异性，有的可用来制作香水，因此也叫香狸。灵猫一般单独行动，胆小机警，活动灵活，白天待在树缝或者石洞等阴凉干燥的地方，到了夜晚或清晨会出来觅食。灵猫食性较杂，果类、鸟蛋或者爬虫类中的小动物都可以作为小灵猫的食物。灵猫香是可入药的贵重香料，因此人们争相捕获，加上栖息地被破坏，使得野生灵猫处境艰难，灵猫被列为国家重点保护动物。

　　在印度尼西亚，灵猫被用来制作猫屎咖啡，又称麝香猫咖啡，是由麝香猫在吃完咖啡果后把咖啡豆原封不动地排出，人们把它的粪便中的咖啡豆提取出来后进行加工。麝香猫只会挑最熟最甜的咖啡豆食用，成熟的咖啡果实经过消化系统排出体外，由于经过胃的发酵，产出的咖啡别有一番滋味，成为国际市场上的抢手货。

第三章

遗失的帐篷

那是黑色灵石的
精灵暗煜。

根据丛林中流传的传说，世间存在着维系自然平衡
的三颗灵石。蓝色的生命之石，红色的生长之石，
还有黑色的死亡之石。

相传三颗灵石都聚在一起，才能维系世上所有
生命的进化和死亡。唉……如果说暗煜已经回来了，
那就说明灵石的和谐已被打破，所以才会涌出
那么多的变异灵兽。

啊？变异灵兽？

唉，我今天怎么运气这么差。
本来还以为搭帐篷最累呢。

去了这么久，
怎么还不回来呀？

没事的，马诺只是
去打水，要不我去找找。
别担心了。

不，不用了。
丁凯去的话，
我也会牵挂的。

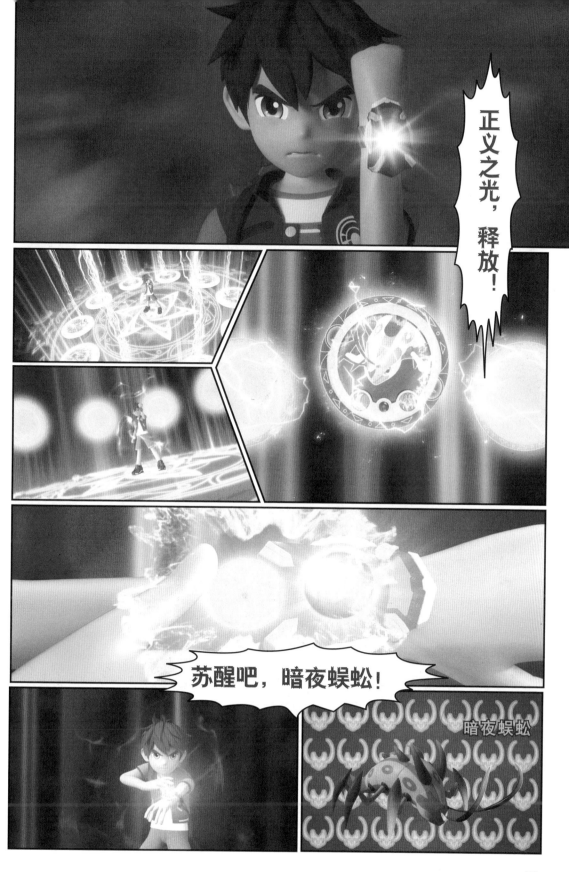

59

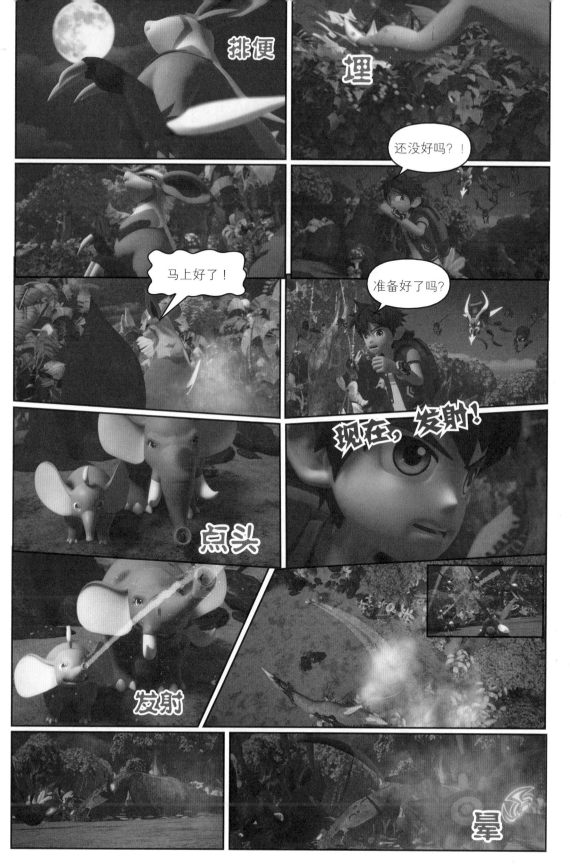

婆罗洲侏儒象

　　婆罗洲侏儒象是长鼻目象科的哺乳动物，主要生活在加里曼丹岛的马来西亚沙巴州，属于濒危物种。成年雄性身高也不超过 2.5m，体型小于普通亚洲象。寿命约 70 年，孕期 18~22 个月，每胎 1 只。它们的面孔类似其他象种的婴儿，耳朵很大，尾巴很长，几乎垂到地面。一只成年侏儒象每天要吃 150kg 的棕榈叶、香蕉等。

　　婆罗洲侏儒象是婆罗洲最神秘、最富魅力的动物，它们的独特之处令人难以想象。在过去两年里，科学家们在它们身上找到了不容置疑的证据，证明它们并非是近代由人类引入的家养宠物的后代，相反，它们在婆罗洲的历史可以追溯到数十万年前。DNA 鉴定和古生物学证据均证明，婆罗洲侏儒象为爪哇侏儒象后代。婆罗洲象应该归于一独特的亚种。婆罗洲岛和爪哇岛相距至少 350km，爪哇岛上的侏儒象于 18 世纪末灭绝，而那些登陆婆罗洲岛的幸存象得以繁衍生息，发展成婆罗洲侏儒象。因人类活动和栖息地减少引起的人象冲突，自 2010 年以来有 100 只左右婆罗洲侏儒象遭射杀或因食物中毒、疾病而死亡。如今存活于世的婆罗洲侏儒象已不足 2000 头。

第四章

深陷泥潭

躲雨

果然是塔鲁曼，连雨都下得这么大，还真是特别呀。

是雨季。

现在是丛林雨季。

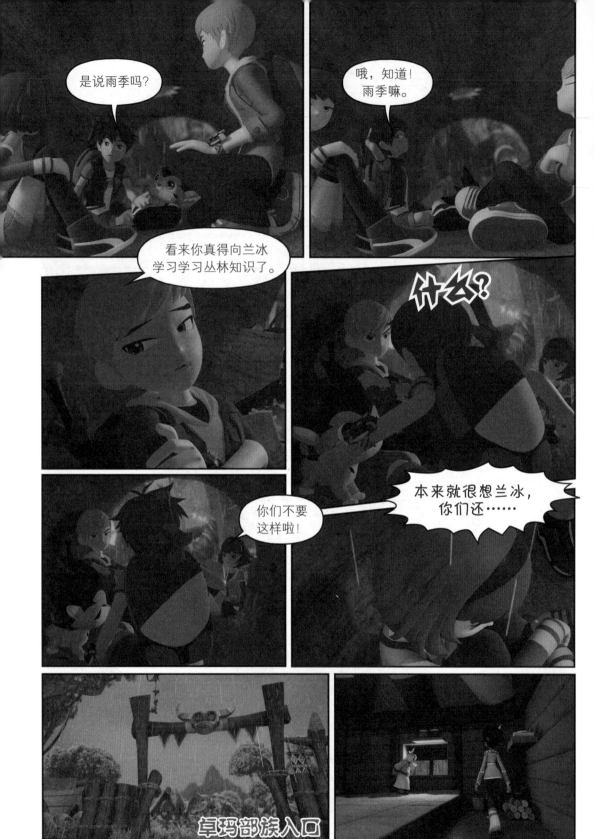

草玛部族入口

73

没救了，我们该怎么办？

请保佑我们这些忠心耿耿的部下吧！

驯兽师大人。

身为哈玛族人民，勇敢去战斗，面对着敌人要……

捕蝇草

砰

马诺！

咬

救命啊！

欣儿，快和奇奇离开这儿！

可是，马诺他……

82

跑

身为哈玛族人民，
更敢战斗……

知识小百科

沼泽龟

　　沼泽龟的原型是斑点池龟。斑点池龟又称哈米顿氏龟、池龟、黑池龟，属于龟鳖目龟科池龟属的爬行动物。头部黑色，布满大小不一且无规则的斑点，黑色的背甲和腹甲布满白色斑点，背甲上同时也有三条棱脊十分突出，与鳄龟类似。它们主要分布在印度等东南亚地区，栖息在深山里的河边与沼泽等地。斑点池龟食性为杂食性，属于肉食性龟类，由于颚部特别发达，因此在野外是以水栖甲壳贝类动物为主。雌龟每次可产下10~15颗蛋。同时雌龟可以将雄龟精子保留在体内长达5年之久，所以它们可以在交配一次后的几年内不需要再交配就可以产下受精卵，这种特性使得哈米顿龟较不易受到绝种的威胁。

　　斑点池龟属于变温动物，新陈代谢高低和生长速度随温度的变化而变化，气温在15℃以下时，斑点池龟新陈代谢急剧下降，进入半冬眠。斑点池龟的冬眠是从11月下旬一直延续到第二年4月中旬，冬眠是断断续续的，一旦气温有所升高，天气晴朗，便可出来活动，但并不采食。由于斑点池龟在《濒危野生动植物国际贸易公约》名录上，各国政府对斑点池龟售卖有诸多限制条件，目前没有灭绝的危险。但由于其外表十分独特，受到很多人的喜爱，每年都有大量的野生龟通过不正当渠道进入境内，从而导致野生资源的急剧下降。

第五章

神秘的男子

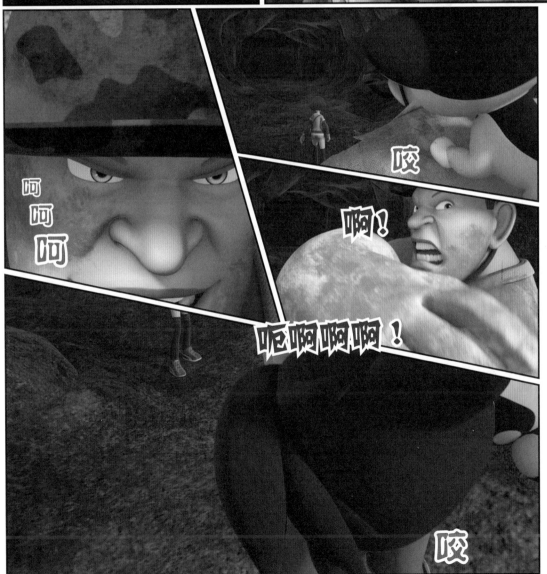

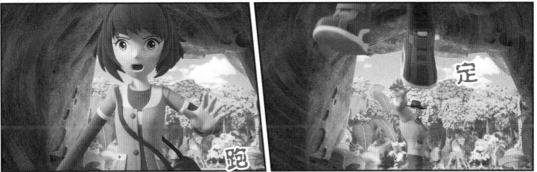

121

长鼻猴

　　长鼻猴的原型是眼镜猴。眼镜猴是珍贵的小型猴类，是全世界已知的最小猴种。它们体长只有9~16cm，体重为150克左右，听觉敏锐，颈部几乎可旋转360°。背毛是带有银色光泽的灰毛，腹毛浅灰色。前肢短、后肢长，趾尖有圆形吸盘，可以在许多光滑的物体表面停留。独特之处在于眼睛，小小的脸庞上长着两只圆溜溜的大眼睛，眼珠的直径可以超过1cm。眼睛只能直视不能转动，所以它们看东西总是要转头。眼镜猴主要分布于东南亚等地，属于濒危动物，是热带和亚热带茂密森林中的树栖动物。它白天睡觉，夜间活动，能在树枝间跳动，距离可达几米，但它们却从不下到地面上活动。眼镜猴是夜间捕猎的高手，主要捕食昆虫、蜥蜴等小型动物，是现存唯一的食肉的灵长类动物。它捕捉食物时，行动极为迅速，还能用独立转动的耳朵来确定猎物方向。眼镜猴在距今6000万年以前就已经出现，是一支高度特化的灵长目动物。

第六章

绝境重生

从洞穴走出。

怎么办？

刚刚召唤了灵兽，灵石的力量撑不了多久了。

还是逃掉吧。

先离开这里再说吧！

欣儿赶快跑，奇奇别掉队。

想往哪里跑？

啊！

缠住

砰

套住

141

啊，有办法了。

悬崖边

那你先跑吧，
我来做掩护！

总得有一个人要
活着出去吧。

咚

追逐

嗷

144

145

146

知识加油站

马来伊蚊

　　马来伊蚊的原型是按蚊。按蚊属双翅目昆虫，体多呈灰色，翅有黑白花斑，刺吸式口器，静止时腹部翘起，与停落面成一角度。按蚊是完全变态昆虫，必须经过卵、幼虫、蛹及成虫四个阶段才能够完成发育。前三个时期居住在水中，为时 5~14 天，成虫寿命在自然情况下大多只有 1~2 个星期。雌成虫每次产下 50~200 个船形卵，有浮囊，一个个独立浮在水面上；幼虫身体须平行贴于水表面，喜欢在有水草、阳光照射的天然清水中生长；成蚊多分散躲在室外洞穴中，部分在居室、畜舍内越冬。按蚊分布于世界各地，大多数分布在热带地区，最主要的分布区是撒哈拉沙漠为主的非洲地区。按蚊又称疟蚊，雌虫吸取人、畜的血，传播疟疾和丝虫病等。

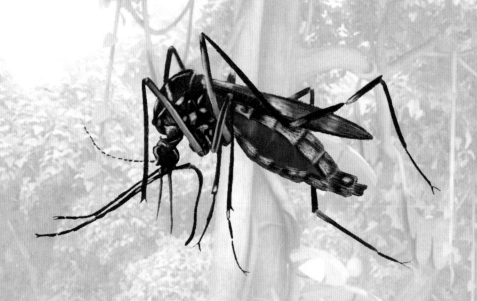